优质核桃丰产栽培新技术

刘 全 主编

中国农业科学技术出版社

图书在版编目（CIP）数据

优质核桃丰产栽培新技术 / 刘全主编 . — 北京：
中国农业科学技术出版社 , 2015.12
ISBN 978-7-5116-2398-0

Ⅰ . ①优… Ⅱ . ①刘… Ⅲ . ①核桃—果树园艺
Ⅳ . ① S664.1

中国版本图书馆 CIP 数据核字（2015）第 291540 号

责任编辑　姚　欢
责任校对　马广洋
策划出品　陇南市旷世神图文化传媒有限责任公司

出 版 者　中国农业科学技术出版社
　　　　　北京市中关村南大街 12 号　邮编：100081
电　　话　（010）82106636（编辑室）（010）82109704（发行部）
　　　　　（010）82109702（读者服务部）
传　　真　（010）82106631
网　　址　http://www.castp.cn
经 销 者　各地新华书店
印 刷 者　北京富泰印刷有限责任公司
开　　本　850mm×1 168mm　1 /32
印　　张　1.75　彩插　0.5
字　　数　50 千字
版　　次　2015 年 12 月第 1 版　2016 年 7 月第 2 次印刷
定　　价　18.00 元

彩图1 核桃主要品种

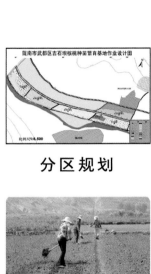
分区规划

精选种子

浸泡催芽

整地作垄

打孔点播

实生苗繁育

定植采穗树

方块芽接

室内枝接

药剂处理

嫁接苗生长

掘苗待运

彩图2 核桃良种苗木繁育技术

标准建园　　　　　　规划设计　　　　　　定点放线

穴内施肥　　　　　　根沾促愈剂　　　　　提苗踩实

浇定根水　　　　　　铺膜保温　　　　　　涂白防冻

彩图3　核桃栽植关键技术

清荒　施肥　刨盘

燃烟　涂胶　裙伞

高接　接后　成活

刮卵　涂白　修剪

喷药　注药　输药

结果

彩图4　核桃冬春季管理十项技术

穴状施肥位置图　　　　　　秤肥搭配　　　　　　　布穴打孔

施入配肥　　　　　　　　施肥过程　　　　　　　打孔深度

二次追肥　　　　　　　　施后结果　　　　　　　未施对照

大树结果　　　　　　　　未施对照　　　　　　　未施对照

彩图5　核桃打孔分层分段配方肥穴施要领

集雨场水窖

打孔灌水

铺集雨膜

打集雨孔

穴位分布

穴口草封

彩图6 旱区核桃集雨穴灌技术

削穗垫尺

机削接穗

穗面长度

浸入促愈剂

砧木削皮

插皮舌接

接后状态

接后露白

插皮接后

核桃劈接

旋锯放水

扎紧绑牢

黑膜促愈

开放塑口

支杆帮扶

芽接补接

芽接成活

高接丰产

彩图7 核桃高接换优技术

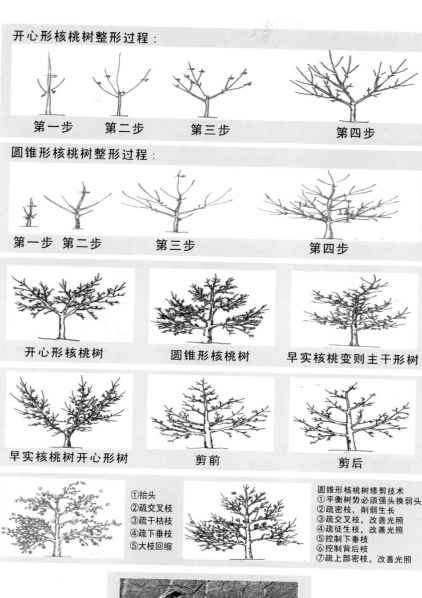

开心形核桃树整形过程:

第一步　　第二步　　第三步　　　　第四步

圆锥形核桃树整形过程:

第一步　第二步　　　第三步　　　　　第四步

开心形核桃树　　　圆锥形核桃树　　　早实核桃变则主干形树

早实核桃树开心形树　　　　剪前　　　　　　剪后

①抬头
②疏交叉枝
③疏干枯枝
④疏下垂枝
⑤大枝回缩

圆锥形核桃树修剪技术
①平衡树势必须强头换弱头
②疏密枝,削弱生长
③疏交叉枝,改善光照
④疏徒生枝,改善光照
⑤控制下垂枝
⑥控制背后枝
⑦疏上部密枝,改善光照

拉枝代剪

彩图8　核桃整形修剪技术要领

核桃主要虫害病害

冬季刨盘

冻晾根象甲

刮除翘皮

冬季涂白

胸系阻隔带

枝挂粘虫板

银杏大蚕蛾幼虫

燃烟防治

黑斑病举肢蛾为害状

喷洒农药

注入农药

扎裙阻隔

输药防治

塞孔泥封

彩图9 核桃病虫害防治技术

采收果实

浸药催熟

上机脱洗

机脱过程

工作过程

室内晾晒

分级装筐

检查水分

彩图10 青核桃机械脱皮清洗技术

我国核桃栽培历史悠久，在公元 3 世纪就有"陈仓胡桃皮薄多肌，阴平胡桃大而皮脆，急捉则碎"的记载，历史达 2 000 余年，陇南市就处在陕西省宝鸡市（陈仓）至甘肃省文县碧口（阴平）的囊形地带中间，是中国核桃的原产地，也是优质核桃的主产地。现有核桃 374 万亩（ 1 亩 ≈ 667 平方米，全书同），年产核桃 10 万吨，产值 20 亿元。

近年来，陇南市各级政府一直把核桃作为脱贫致富的支柱产业来开发，当做富民强区的基础产业来发展，使核桃产业开发规模得到空前壮大，然而，其发展与部分省市相比，还存在很大差距，规模大但效益低、科技转化率低、产业链条短的问题还严重影响其高产、优质、高效持续健康的发展。因此，笔者学习与运用有关核桃栽培的科技成果，组配最新生产工艺，研发出最易被种植农户理解和接受的实用新技术，以期达到抛砖引玉之效。

　　本书在编写过程中，曾参考引用了各方专家、学者、同仁的成果及灼知，也得到各方领导的大力支持，由于种种原因，未能与原作者取得联系，在此谨致深深的歉意，并表示真心感谢！敬请原作者见到本书后及时与我们联系（邮箱：918685843@qq.com），以便我们按照国家有关规定支付稿酬并赠送样书，同时由于我们水平有限，书中难免有不妥或错误之处，敬请读者朋友们指正！

刘　全

2015 年 9 月 29 日

目 录

第一章　优质核桃栽培品种介绍

第二章　核桃良种苗木繁育技术

第三章　核桃栽植关键技术

第六章　旱区核桃集雨穴灌技术

第七章　核桃高接换优技术

第十章　青核桃机械脱皮清洗技术

第一章
优质核桃栽培品种介绍

一、核桃主要品种图示（彩图1）

二、核桃品种搭配技术要领歌

核桃优品二百多，每地主栽3至5；

外引品种2至3，本地良种要2个；

香玲辽核与陕五，还有新丰343；

清香维纳强特勒，国外品种也不错；

本地品种按优选，枝插促愈催生条；

才能解决接穗难，劣树芽接高换优；

品种搭配2＋3，三年建成高产园。

三、优质核桃主要品种特点

（一）香玲

由山东省果树研究所人工杂交育成的果实品种。

坚果卵圆形，雄先型，纵、横、斜三径 3.3 厘米，单果重 13.2 克。壳面光滑，壳厚 0.9 毫米左右，可取整仁，出仁率 65.4%，核仁颜色浅，香而不涩。树势较旺，分枝力强，侧生混合芽比率 85.7%，嫁接后第 2 年开始结果。果实 8 月下旬成熟，10 月下旬落叶。该品种适应性较强，较丰产，易嫁接繁殖，宜带壳销售。适宜在山区、平原土层深厚的地区栽培。

（二）辽核 1 号

由辽宁省经济林研究所人工杂交育成，早实品种。坚果圆形，雄先型，纵、横、斜三径 3.3 厘米，果基平或圆，单果重 9.4 克，壳面较光滑，缝合线微隆起，结合紧密，壳厚 0.9 毫米。可取整仁，出仁率 59.6%，核仁黄白色，味香，充实饱满。该树分枝力强，侧生混合芽比率 90% 以上。嫁接后第 2 年结果。

（三）新早丰

由新疆林业科学院从阿克苏市温宿县早丰、薄壳实生群体中选出。1989 年定名。树势中庸，树姿开张，树冠圆头形，分枝力极强。雄先型，中熟品种。侧生混合芽率 97%，每果枝平均坐果 2 个。1 年生枝条粗壮，短果枝占 43.8%，中果枝占 55.6%，长果枝占 0.6%。坚果椭圆形，果基圆，果顶渐小，突尖。纵径、横径、侧径平均 3.54 厘米，坚果重 13.1 克。壳面光滑，缝合线平，结合紧密，壳厚 1.23 毫米。内褶壁革质，出仁率 51.0%。核仁饱满，乳黄色，味香，品质中上等。该品种发枝力强，坚果品质优良，早期丰产性强，较耐干旱，抗寒、抗病性较强。宜在肥水条件较好的地区栽培。

（四）（阿扎）343 号

由新疆林业科学院从实生群体中选育而成。1989 年定名。树势旺盛，树姿开张，树冠圆头形，发枝力强。雄先型，中熟品种，结果枝属中短枝型，侧生混合芽率 93%。实生树 2~3 年生或嫁接后 2 年出现雌花。丰产性强，高接在 17 年生的砧木上，第 2 年开始结果，第 4 年平均株产 5.14 千克。坚果椭圆或卵圆形，果基圆，果顶小而圆。纵径、横径、侧径平均 3.7 厘米，坚果重 16.4 克。壳面光滑，缝合线窄而平，结合较紧密，壳厚 1.16 毫米。内褶壁和横隔膜膜质，易取整仁，出仁率 54.0%，乳黄至浅琥珀色，味香。在肥水条件较差时核仁常不饱满。该品种适应性强，产量高而稳。坚果外观美观，适宜带壳销售。雄花先开，花粉量大，花期长，是雌先型品种理想的授粉品种。

（五）温185

由新疆林业科学院在阿克苏市温宿县薄壳实生群体中选出。1989 年定名。树势较强，树姿较开张。枝条粗壮，发枝力极强，能生二次枝。雌先型、早熟品种。侧生混合芽率 100%，每果枝平均坐果 1.71 个。坚果圆形或长圆形，果基圆，果顶渐尖。纵径、横径、侧径平均 3.4 厘米，坚果重 15.8 克。壳面光滑，缝合线平或微凸起，结合紧密，壳厚 0.8 毫米。内褶壁退化，横隔膜膜质，易取整仁。出仁率 65.9%，核仁充实饱满，乳黄色，味香。该品种抗逆性强，早期丰产性极强，坚果品质极优，对肥水条件要求较高，适宜密植栽培。

（六）鲁光

由山东省果树研究所经人工杂交选育而成。1989年定名。树势中庸，树姿开张，树冠半圆形，分枝力较强。嫁接后 2 年开始形成混合芽，3~4 年出现较多。结果枝属长果枝型，果枝率 81.8%，侧生混合芽率 80.8%，每果枝平均坐果 1.3 个。雄先型、中熟品种。坚果长圆形，果基圆，果顶微尖，纵径、横径、侧径平均 3.76 厘米，坚果重 16.7 克。壳面光滑，缝合线平，不易开裂，壳厚 0.9 毫米左右。内褶壁退化，横隔膜膜质，易取整仁。核仁充实饱满，出仁率 59.1%，仁乳黄色，味香而不涩。

该品种早期生长势较强，产量中等，盛果期产量较高。坚果光滑美观，核仁饱满，品质上等。适宜在土层深厚的山地、丘陵地栽植，亦适宜林粮间作。

（七）丰辉

由山东省果树研究所经人工杂交选育而成。1989年定名。树势中庸，树姿直立，树冠圆锥形，分枝力较强，抗病性较强。嫁接后第 2 年开始形成混合花芽，4 年后出现雄花。雄先型，中熟品种。侧生混合芽率80%，每果枝坐果 1.6 个。坚果长椭圆形，基部圆，果顶尖。纵径、横径、侧径平均 3.38 厘米，坚果重 12.2 克左右。壳面光滑，缝合线窄而平，结合紧密，壳厚 0.95 毫米左右。内褶壁退化，横隔膜膜质，易取整仁。核仁充实饱满、美观。出仁率57.7%，仁乳黄色，味香而不涩，品质极佳。该品种适应性强，早期产量较高，盛果期产量中等。坚果光滑美观，核仁饱满，品质上等。抗病害能力较强，不耐干旱，适宜在土层深厚和有灌溉条件下栽培。

（八）维纳

原产美国，美国主栽品种，1984 年引入中国。属早实核桃品种类型。坚果圆锥形，果基平，果顶渐尖，坚果重 11 克。壳厚 1.4 毫米，光滑。缝合线略宽而平，结合紧密。易取仁，出仁率50%。树体中等大小，树势强，树姿较直立。侧生混合芽率80%以上，早实型品种。雄先型，中熟品种。抗寒性强于其他美国栽培品种。早期丰产性强。

（九）元丰

由山东省果树研究所于1975年从新疆早实核桃实生树中选出。1979年定名。坚果卵圆形，果基平圆，果顶微尖。纵径3.8厘米，横径2.9厘米，坚果重12克。壳面刻沟浅，光滑美观，壳色较浅；缝合线窄而平，结合紧密，壳厚1.15毫米左右。内褶壁退化，横隔膜膜质，易取整仁。核仁充实饱满，色较深，重5.9克，出仁率49.7%左右。核仁脂肪含量68.68%，蛋白质19.23%，风味微涩。早期产量较高，盛果期产量高，大小年不明显。10年生母树株产坚果15千克。树姿开张，树势中庸，树冠呈半圆形。分枝力中等，侧生混合芽的比率为75%，侧生果枝率72%，嫁接后2年即开始形成雌花，雄花3~4年后出现。每个雌花序多着生2朵雌花，座果率70%左右，双果较多。雄先型，树干溃疡病及果实、枝、叶炭疽病、黑斑病发病率较低。该品种适应性较强，嫁接成活容易。坚果光滑美观，品质中等，宜带壳销售作生食用。适宜在山丘土层较深厚处栽培。

（十）强特勒

原产美国，是彼特罗 × UC56-224 的杂交子代。为美国主栽早实核桃品种，1984 年引入我国。坚果大，三径平均 4.4 厘米，平均单果重 12.86 克。坚果心形，壳面光滑，缝合线紧密。易取整仁，壳厚 1.5 毫米。出仁率 49%，核仁充实，饱满，色乳黄，风味香，核仁品质极佳。树势中庸，树姿较直立，小枝粗壮，节间中等。发芽晚，雄先型。中早熟品种。侧生混合芽率 80%~90%。适宜在年平均温度 11℃以上，生长期 220 天以上的地区种植。嫁接树 2 年开始结果，4~5 年后形成雄花序，产量中等。该品种适应性强，较耐高温。发芽晚，抗晚霜，黑斑病为害较轻。适宜在有灌溉条件的深厚土壤上种植。

（十一）清香

由日本清水直江从日本长野的核桃的实生群体中选出，属晚实型品种。由河北农业大学引入我国并推广。坚果大，平均坚果重 14.3 克；坚果椭圆形，果型大而美观，缝合线紧密。出仁率 52%~53%，仁色浅黄，风味香甜，无涩味，该仁品质好。

第二章

核桃良种苗木繁育技术

一、核桃良种苗木繁育主要技术图解（彩图 2）

二、核桃苗木繁育技术要领歌

　　园区规划六要素，六大功能分清楚；

　　整地做垄细耕作，施足底肥最要紧；

　　选种适播盖地膜，松土除草勤防治；

　　若要实现品种化，枝接芽接不可缺；

　　除萌松土施追肥，适时灌水防旱情；

　　起苗根系要完整，分级分品假植好；

　　根浸杀菌促愈合，确保栽植成活高。

三、核桃苗木繁育实施步骤

（一）园区规划

育苗地应选在地势平坦、土壤肥沃、海拔一般在

1 000~1 300米土质疏松、背风向阳、排水良好，有灌溉条件且交通方便的地方，一般以建立园区200亩为起点，年限30~50年，以区分为六大区域为例，其中：生活办公区6亩；良种苗繁育区54亩；品种收集区40亩；采穗圃区80亩；日光温室区20亩；田间道路1 500米。

（二）分区整理

1. 生活办公区

一般修建办公室2间，住宅4间，贮藏室3间，厂房3间（以上全部为彩钢活动板房结构），厨房2间，卫生间2间。院场200平方米，院墙150米，四周栽植绿化树种（株距2米）。

2. 良种苗繁育区

以当地优质品种培育1年生良种苗木50万株为起点，规划各品种繁育面积。

3. 品种收集区

主要培育香玲、清香、中林、辽核、强特勒等优质品种，划片分区，树立标志，每区不低于5亩。

4. 采穗圃区

把良种苗繁育的苗木进行枝接、芽接后，再按30厘米×30厘米的株行距分片移植，每年进行修剪，为核桃高接换优打下良好的基础。

5.日光温室区

按地形、采光要搭建日光温室6个，长40米、宽6米，主要培育核桃品种的科学实验及优质苗木。

6.修田间道路

一般修成宽3米，路长及道路数量按需设定，为运输苗木、耕种提供方便。

（三）整地施肥

对良种苗繁育区、品种收集区、采穗圃区、日光温室区进行整地，对土壤要精耕细作，施足基肥，每亩施复合肥40~50千克，尿素20千克左右，起垄，垄宽0.8~1.0米，垄高30厘米，供播种使用。

（四）选种、催芽、播种

1.采种

首先选择生长健壮、无病虫害和种仁饱满的壮龄树为采种的母树，当果实表皮由绿变黄并开裂时，即可采收，自然晒干，然后贮藏在通气的室内待种。

2.催芽

秋播种子不需要催芽，可直接播种。春季播种时，播种前应浸种处理，以确保发芽，浸种方法是把种子盛在网袋中，放入池中浸泡，每2~3天换一次清水，待 7~10 天捞出后晾晒，种子张口开裂，再装入袋中。

3. 播种

一般在春季播种，播种期的选择主要根据当地气候条件，播种方法可用垄作，先整地做垄，垄宽 1 米，高 20 厘米，垄距 30 厘米，每亩播种量 150 千克左右，垄上覆盖地膜，用点播锥按 20 厘米 × 30 厘米株行距播种，上覆盖细土。

（五）苗期管理

核桃播后 30 天左右，开始发芽出苗，40 天左右幼苗出齐，要培育健壮的苗木，就必须加强田间管理工作：① 补苗；② 施肥放水；③ 中耕除草；④ 防止日灼；⑤ 防治病虫害；⑥ 越冬防寒。

（六）嫁接苗的培育

嫁接苗的培育是采用良种苗进行丰产栽培的关键环节，它决定着嫁接成活率的高低和嫁接树的优劣。

1. 嫁接

（1）室内枝接　操作流程：选砧木、修剪、配对、削穗、开口、沾愈合剂、对接、绑扎 8 个程序，每个流程 1 人，共 8 人。操作方法：选 1~2 年生培育的实生苗，把配对好的砧木用削穗机离根茎上 3~5 厘米处锯断砧木，削一个3~5厘米长的斜面，采用插皮舌接在接穗一端，将长4~5厘米接穗插与砧木对接，用塑料细绳扎紧，外用黑地膜绑严，保持接口湿度，以利愈合。

（2）方块形芽接　操作方法：先在砧木上切一长方形皮块，将皮挑起，再按回原处，以防切口干燥，然后在接穗上取下与砧木方块相同的方形芽片，并迅速镶入砧木切口，使芽口与砧木切口密合，然后绑紧即可。

（3）嫩枝接　采用半木质化当年生的接穗，在6月用劈接的方法嫁接在直径相等的当年生枝条上，用塑料纸全包一层即可。

2．除萌

从嫁接到完全愈合及萌芽抽枝需20天左右，砧木上易萌发大量萌芽，应及时摸掉，以免影响接穗的生长，除萌易早不易晚，以减少不必要的养分消耗。

3．解绑

室外嫁接的苗木，因砧木未经移植，生长量较大，可在新梢长到30厘米以上时，及时解除绑缚物，以防起苗和运输过程中劈裂；另外，接芽萌发后生长速度快，枝嫩复叶多，易遭风折，因此，在一旁插一木棍，用绳子将新梢和木棍绑紧，以起到固定新梢和防止风折。

（七）起苗、分级、假植、调运

1. 起苗

起苗前要放透水，一般主根长度 30 厘米左右，根系完整，接口无绳，塑膜纸垫入，无机械损伤。

2. 分级

为保证苗木的质量和规格，提高建园时的栽植成活率和整齐度，苗茎要通直，充分木质化，无冻害风干及病虫为害。

3. 假植

起苗后，如不能立即外运和栽植时，必须假植，一般分为短期和长期假植，短期假植一般为 10 天左右，只要用湿土埋严根系，干燥时及时喷水。长期假植要选择挖沟，沟深 1 米，宽 1.5 米，将苗木错位排列，及时放水，及时检查，以防霉烂。

4. 调运

根据运输要求及苗木大小，按 20 株打成一捆，注明品种、苗龄、等级、数量，喷水保湿；运输过程中，要防日晒、风吹和冻害，苗木运输最好在气温低时进行，到达目的地后，及时栽植，保持通风，以防失水。

第三章
核桃栽植关键技术

一、核桃栽植关键技术图解（彩图3）

二、核桃栽植关键技术要领歌

核桃实现产业化，标准建园最要紧；

适宜片区地情熟，规划计划要先行；

按规打点整好地，整地挖坑一米深；

熟土农肥垫底层，垫至上留半米深；

选好良种壮实苗，根部速蘸生根粉；

左右瞄准放端正，一提二踩栽正中；

要浇一担定根水，水落要盖捂摘土；

栽后培盘圆锅形，铺上一层地膜纸；

杆部涂白防冻害，又能杀灭越冬卵；

保温集雨最实在，栽植要领要记清。

三、核桃栽植主要方法

（一）挖1个标准植树坑

整地挖坑，按定点放线的标准，开挖深100厘米，宽100厘米，心表土分开存放。

（二）施1锨基肥

即250克N、P、K复混肥和50克硫酸亚铁与熟土混合施入植树坑内，上部覆10厘米的熟土。

（三）栽1株良种壮苗

选1株3年生以上，嫁接头在50厘米以上，主根长25~30厘米，侧根发达，地径2.5厘米以上的品种嫁接苗。栽时用"根旺"（用萘乙酸、吲哚乙酸）500毫克/千克浓度速蘸苗木根部，放入坑内，按"一提二踩三埋苗"的栽树要求，前后瞄准端正不错行，在埋入坑内的土要心表土混合后加入少量复混肥，包埋在侧根四周即可，栽后，用长效复配涂白剂涂白杀虫保暖。

（四）浇1担定根水

即浇28~30千克水。

（五）铺1块集雨（放水）保湿膜

在干旱区（降水量在500毫米以下），树栽好后，沿植树坑培一个宽 100 厘米的，深 30 厘米左右的圆形锅形反坡式集雨树盘，培好后，上铺 120 厘米 × 120 厘米的地膜，四周及中心用土压实，以防进风。湿润区（降水量在 900 毫米以上），墒情好的地方，降水量偏大的地方将植树坑培成平面或沿树基部培成圆柱形，铺上地膜以防灌水过多朽根烂根。

第四章

核桃冬春季管理十项技术

一、核桃冬春季管理十项技术图解（彩图 4）

二、核桃冬春季管理十项技术歌

清荒施肥刨树盘，刮卵涂白兼修剪；

燃烟涂胶扎裙伞，防治病虫喷注输；

高接换优改劣树，十项术用能增产。

三、核桃冬春季管理方法

（一）清荒除草

采取人工和机械耕作的方式清理撩荒地、园内杂草。促使园内土壤熟松，减少杂草，为核桃生长创造良好环境。

（二）科学施肥

1. 基肥

采取环状和放射状施肥，3~5年生幼树，每株施农家肥25千克左右，盛果期树施50千克为宜。

2. 追肥

3~5年生幼树，每株追施尿素0.25千克，5~10年生施尿素0.5千克，复合肥（磷酸二铵0.25千克），开挖深度20厘米，宽30厘米并灌水，目的是改变土壤性质，促使土壤熟化，增加树木营养成分及果实成熟度。条件极差地区可采用分层分段打孔穴施肥技术。

（三）开挖树盘

将树的根部刨一个圆形盘，幼树深度20~30厘米，宽度1米，大树深度50厘米，宽度1.5米左右，目的是减少核桃树根部病虫害寄生环境。

（四）刮卵涂白

利用冬季休闲时机，用铁丝钩刮取树皮缝隙内寄生的越冬虫卵，将刮下的虫卵、虫蛹集中烧毁处理。再按照树的高度涂白（涂白剂配方：生石灰5千克，硫磺粉0.5千克，食盐0.25千克，水20千克），涂白高度大树1米，小树80厘米，目的是清除病虫害在基部产卵越冬，树干涂白防冻防寒。

（五）拉枝修剪

对正在生长或挂果的幼树实行拉枝，采用吊石块或用绳拉枝开张角度，培养成圆锥形和自然开心形，主干疏层开留 6~7 个主枝，分 2~3 层，对结果后的大树重点培养结果枝组，枝组间保持 0.6~1 米的距离，盛果期以疏除病虫枝，过密枝，重叠枝，下垂枝为主，剪口一定要离剪口芽 2 厘米左右，结合修剪去除枯枝，目的是增强采光，培养良好树形（详见整形修剪技术部分）。

（六）燃烟防霜

利用清园时的枯枝落叶，在春季天气变冷情况下，将园内杂草、秸秆等可燃烧的废旧物料分层压土，堆放多处，进行燃放，以烟为主，防止明火发生，达到防霜目的。

（七）涂胶粘虫

用沥青、废机油、植物油混合加热融化，制成涂胶，在树上涂一个 10 厘米的粘虫环，用刷子涂在树干 80 厘米高处。

（八）扎裙阻隔

用 20~50 厘米棚膜，大树 50 厘米宽，小树 30 厘米，剪成小段，用扎丝包扎在涂胶上部，成裙伞形的隔离带，致使大蚕蛾、横沟象等害虫上树为害时被粘在胶上，防其为害的目的。

（九）喷输药防治

1.石硫合剂配制

取生石灰 1 份，细硫磺粉 2 份，植物油少许、水 20 份，熬制时须选用铁锅，先将生石灰、硫磺粉和水按比例称好备用。把称好的生石灰放入锅内，用少量水化开，调成糊状，慢慢加入少量水配成石灰乳，去除杂质后加入足量水，加热煮沸，将硫磺粉用少量水调成糊状，慢慢加入石灰乳中，搅拌均匀后，猛火熬煮，至沸腾后 40 分钟左右，待药液呈红褐色时停火，冷却后用纱布过滤，即为石硫合剂原液。

2.波尔多液配制

以硫酸铜 1 份，生石灰 0.5 份及水 200 份，放入备用的非铁质容器中，加水不断搅拌，使其充分溶化后缓慢倒入石灰乳中，再搅拌混合均匀即可。以上两种自制农药，在核桃树病虫害发生前喷雾，起保护枝条作用。

将配制好的 3~5 波美度石硫合剂原液和波尔多液 200 倍液用喷雾器喷雾，或用输液的方式把敌敌畏在瓶内溶解，打孔，把输液针别在树体内，药量在专业技术人员指导下使用（详见病虫害"十字防治法"）。

（十）高接换优

1. 方块形芽接

（1）时间　在每年夏季5月中旬至6月上旬为宜。

（2）取芽片　选择与砧木嫩枝粗度相近的接穗，在接穗芽0.5厘米左右处各横切一刀，宽1.2厘米，芽片长2~3厘米，宽1~1.5厘米。

（3）削砧木　在骨干枝当年发育枝上距基部10厘米处嫁接，选光滑部位，取下与接芽大小相当的树皮，宽1~1.5厘米，挑开皮层。

（4）嵌入芽片　将芽片迅速嵌入切口中，要求上限和右限砧皮对齐，重叠即可，动作要快。

（5）薄膜绑扎　用5~10厘米的塑料条将接芽自下而上绑严扎紧，叶柄露外，从外面将展开的薄膜条包严。

（6）接后管理　除萌、绑枝、摘心、防风折。

2. 插皮舌接

（1）时间　每年3月下旬至5月上旬。

（2）清砧　嫁接前清除砧木周围杂灌、杂草及遮阳树种。

（3）锯砧木　在离地面1米左右处选表皮光滑、

无疤痕的地方锯断树干，要求断面光滑、无劈裂。

（4）削接穗　将接穗剪成 15~20 厘米长，保留 2~3 个饱满芽的小段，将接穗小段削成 10 厘米的弧形削面，削去的部分占接穗横断面的 2/3，削面要求光滑。

（5）插接穗　在砧木断面处选择接穗部位，将接穗的皮层轻轻揭起，把接穗木质部分插入砧木的木质与皮层之间，用薄膜条包严，衬上报纸或黑塑料袋扎紧。

（6）接后管理　适时放芽（30 天左右）、除萌，绑防风杆，松绑，摘心，疏花疏果，整形修剪（详见高接换优新技术部分）。

第五章
核桃打孔分层分段配方肥穴施技术

一、核桃打孔分层分段配方肥穴施要领图解（彩图 5）

二、核桃打孔分层分段穴施配方肥技术要领歌

核桃喜长疏松土，含钙微碱它最适；

要使丰产长势好，科学施肥最重要；

遇碱要施硫酸铁，石硫合剂调弱酸；

每平年施三元肥，氮五磷钾各二十；

并施有机肥十斤，施肥时按四段分；

摘后清荒施基肥，侧重氮肥微磷钾；

五至七月追三次，最后两次磷钾多；

按冠每次两层施，穴深一尺与二尺；

每施一次移一度，次次施肥位不同；

中间在喷多元微，抗旱增产量翻番。

三、核桃打孔分层分段穴施配方肥技术要点

核桃树为多年生深根性果树，每年的生长和结实需要从土壤中吸收大量的营养元素。如果所需营养元素得不到满足，就会因营养消耗与积累不平衡，形成发育和生长不良；同时由于各地土壤类型复杂，肥水管理不一，核桃生长发育差异极大。

（一）土壤 pH 值调整

土壤 pH 值不同不但影响溶液中的离子组成，而且也使胶体上代换性离子组成不尽相同，在酸性土壤中，由于 Fe、Me、Al 的大量存在，在一些养料元素的沉淀和吸附反应非常明显。在碱性土壤中由于碳酸钙的大量存在，也使一些养料与之发生共同沉淀，大大降低其有效性；此外，pH 值影响微生物的活动，土壤吸附—降解，氧化—还原，络合—分离以及溶解—沉淀等一系列化学平衡在很大程度上受 pH 值的影响。因此在酸性土壤中，每年 10 月结合施入基肥，可用 2.5 波美度石硫合剂喷洒一遍后翻入土壤中，在碱性土壤中结合施基肥，每亩施 2.5 千克硫酸亚铁翻入即可。这两类农药结合病虫防治做 pH 值调整。

（二）施肥量

施肥量的确定是以土壤的养分状况和核桃对营养需求为依据。每生产 1 吨核桃干果，需从土壤中吸取氮（N）14.65 千克、磷（P）1.87 千克、钾（K）4.7 千克、钙（Ca）1.55 千克、镁（Mg）0.93 千克、锰（Mn）31 克。核桃果实营养成分含量详见表 1。

表 1 每千克核桃果实营养成分含量（克）

成分	N	P	K	Ca	Mg	Mn
青果皮	0.84	0.78	0.56	0.49	0.10	15
硬壳	0.22	0.12	0.44	0.21	0.26	22
果仁	3.16	0.43	0.52	0.72	0.18	46

施肥量一定要根据早实、晚实核桃品种特性和土壤肥力进行调整，我国目前核桃施肥标准以 N∶P∶K=5∶2∶2 的比例结合土壤肥力进行调整。

（三）肥料种类

1. 有机肥料

厩肥、人粪尿、畜禽粪、绿肥等，属于完全肥料，肥效较好，肥效长，而且有改良土壤，调节土温作用。

2. 常用无机肥料

主要有尿素、过磷酸钙、氯化钾、三元素复合肥料以及含多种微量元素的功能肥。

（四）施肥时期

1.基肥

一般在果实采后或春季发芽前施入。

2.追肥

分3次施入，在展叶初期以速效氮为主，主要作用是促进开花座果和新枝生长。第二次追肥在展叶末期进行，以速效氮为主，促进果实发育，减少落果；第三次追肥在果实硬核后进行，作用是供给核仁发育所需要的养分，以复合肥为主。

（五）穴施方法

以树干为中心，从树冠距主干1/2处打穴，按30厘米、60厘米两个深度，分两圈打孔，以每次施肥量为标准，深占六成，浅占四成，打穴方位按8个方向分开后，按穴数均摊，并以有机质肥料填半，上盖熟土埋好。

四、核桃打孔分层分段穴施配方肥技术简表（表2至表5）

表2　陇南市武都区核桃打孔分层配方施肥技术简表

土地质量等级	主要分布区域	主要土类	土壤质地评价	主要理化指标（克/千克）					施肥时间（月/旬）				根系分布特点	操作要点	pH值调整	有机质肥配比（%）	施肥方式、施肥深度（厘米）（任选一种）	
				有机质含量（%）	全N	有效P	速效K	pH值	1	2	3	4					沟施	穴施深度分
一	白龙江两岸	黄棕壤	土壤熟化度高	12.0	0.282	15.40	176	8.10	10/上	2/上	4/上	6/上	根系发达，主根长100厘米以上	按距离主杆二分之一处打穴开井或开沟等距离放射状2~3排	偏酸施碱；偏碱施酸	40%	50	总量 30 50
二	洛塘隆兴琵琶	棕壤	有机质及磷含量丰富	12.5	0.21	18.80	169	8.05	10/中	2/下	4/下	6/下				40%	30	总量 30 50
三	北部高中山区	石渣土灰砂土	质地黏重，土层浅薄	11.6	0.189	18.90	173	8.10	10/中	3/上	7/上	7/上	侧根发达			60%	30	总量 30 50
四	南部中低山区	砂质棕壤	土层浅薄	11.5	0.174	17.30	167	8.10	10/中	3/上	7/上	7/上				60%	30	总量 30 50
五	西北部高山区	夹黏褐土	质地黏重，土层浅薄	11.6	0.124	18.50	159	8.10	10/中	3/上	7/上	7/上	根系不发达			80%	30	总量 30 50

编制说明：1. 本表根据区测土壤数据换算而来；2. 本表随商品肥含量进行调整；3. 根系主要分布在20~60厘米；4. 偏碱土用硫酸亚铁调整，偏酸土用新型石硫合剂调整；5. 打穴挖沟按树冠投影周围，穴状打孔8个方位按30厘米，50厘米的2个深度进行打孔施肥；6. 微量元素肥在施基肥时一次性施入，或者用腐殖质土或者用腐殖质土混入农家肥，施入量或泥炭土混入微量肥代替，施入量均按5千克计算；7. 有机质肥主要为农家肥，穴状肥代替，如果酸性土可考虑施入钙肥；9. 单穴施肥量＝每次总量÷穴数。

表3 陇南市武都区核桃打孔分层配方施肥技术简表

土地质量等级	大元素肥合计				标准施肥量（平方米）4次大元素肥有效施肥量（克）													微量元素有效施肥量（克/平方米）	
					第一次				第二次			第三次			第四次				
	全N	有效P	速效K	有机质（%）	N	P	K	有机	N	P	K	N	P	K	N	P	K	镁	锰
一	50	26	20	12	18	3	3	6	12	3	3	10	10	10	10	10	10	0.42	0.014
	20.0	10.4	8.0	4.8	7.2	1.2	1.2	2.4	4.8	1.2	1.2	4.0	4.0	4.0	4.0	4.0	4.0	0.17	0.006
	30.0	15.6	12.0	7.2	10.8	1.8	1.8	3.6	7.2	1.8	1.8	6.0	6.0	6.0	6.0	6.0	6.0	0.25	0.008
二	61	23	23	13	25	3	3	8	20	3	3	8	8	8	9	9	9	0.35	0.012
	24.4	9.2	9.2	5.2	10.0	1.2	1.2	3.2	8.0	1.2	1.2	3.2	3.2	3.2	3.6	3.6	3.6	0.1	0.005
	36.6	13.8	13.8	7.8	15.0	1.8	1.8	4.8	12.0	1.8	1.8	4.8	4.8	4.8	5.4	5.4	5.4	0.2	0.0
三	66	23.62	21	16	20	2	2	9	20	2	2	12	9.63	8	12	9	9	0.28	0.01
	26.4	9.4	8.4	6.4	8.0	0.8	0.8	3.6	8.0	0.8	0.8	4.8	3.9	3.2	4.8	3.6	3.6	0.11	0.004
	39.6	14.2	12.6	9.6	12.0	1.2	1.2	5.4	12.0	1.2	1.2	7.2	5.8	4.8	7.2	5.4	5.4	0.17	0.006
四	69	22	21	16	23	2	2	9	20	2	2	12	9	9	12	8	7	0.21	0.007
	27.6	8.8	8.4	6.4	9.2	0.8	0.8	3.6	8.0	0.8	0.8	4.8	3.6	3.6	4.8	3.2	2.8	0.08	0.003
	41.4	13.2	12.6	9.6	13.8	1.2	1.2	5.4	12.0	1.2	1.2	7.2	5.4	5.4	7.2	4.8	4.2	0.13	0.004
五	78	23	22	20	29	1	1	16	29	1	1	10	10	10	10	11	10	0.18	0.006
	31.2	9.2	8.8	8.0	11.6	0.4	0.4	6.4	11.6	0.4	0.4	4.0	4.0	4.0	4.0	4.4	4.0	0.07	0.002
	46.8	13.8	13.2	12.0	17.4	0.6	0.6	9.6	17.4	0.6	0.6	6.0	6.0	6.0	6.0	6.6	6.0	0.11	0.004

表4　陇南市武都区核桃打孔分层分段配方施肥技术简表

标准施肥量（平方米）　按商品肥料折算的施用量（克）

土地质量等级	46%~16%尿素					磷肥（14%~20%过磷酸钙）					50%氯化钾					尿素+三元专用肥					微量元素肥		叶面肥	
	合计	1	2	3	4	合计	1	2	3	4	合计	1	2	3	4	合计	1	2	3	4	硫酸镁（27%~30%）	氧化锰（31%）	时间（月）	施肥量
一	100	36	24	20	20	130	15	15	50	50	52	6	6	20	20	94+130	34+15	20+15	20+50	20+50	1.7	0.434	5/6/7	0.3
	40.0	14.4	9.6	8.0	8.0	52.0	6.0	6.0	20.0	20.0	20.8	2.4	2.4	8.0	8.0	38+52	14+6	8+6	8+20	8+20	0.7	0.174	5/6/7	0.12
	60.0	21.6	14.4	12.0	12.0	78.0	9.0	9.0	30.0	30.0	31.2	3.6	3.6	12.0	12.0	56+78	20+9	12+9	12+30	12+30	1.0	0.260	5/6/7	0.18
二	124	50	40	16	18	115	15	15	40	45	46	6	6	16	18	70+115	26+15	24+15	10+40	10+45	1.3	0.372	5/6/7	0.3
	49.6	20.0	16.0	6.4	7.2	46.0	6.0	6.0	16.0	18.0	18.4	2.4	2.4	6.4	7.2	28+46	10+6	10+6	4+16	4+18	0.5	0.149	5/6/7	0.12
	74.4	30.0	24.0	9.6	10.8	69.0	9.0	9.0	24.0	27.0	27.6	3.6	3.6	9.6	10.8	42+69	16+9	14+9	6+24	6+27	0.8	0.223	5/6/7	0.18
三	128	40	40	24	24	115	10	10	50	45	42	4	4	16	18	65+115	30+10	15+10	10+50	10+45	1.7	0.31	6/7/8	0.3
	51.2	16.0	16.0	9.6	9.6	46.0	4.0	4.0	20.0	18.0	16.8	1.6	1.6	6.4	7.2	26+46	12+4	6+4	4+20	4+18	0.7	0.12	6/7/8	0.12
	76.8	24.0	24.0	14.4	14.4	69.0	6.0	6.0	30.0	27.0	25.2	2.4	2.4	9.6	10.8	39+69	18+6	9+6	6+30	6+27	1.0	0.19	6/7/8	0.18
四	134	46	40	24	24	40	10	10	10	10	40	4	4	18	14	80+40	36+10	24+10	10+10	10+10	0.8	0.217	6/7/8	0.3
	53.6	18.4	16.0	9.6	9.6	16.0	4.0	4.0	4.0	4.0	16.0	1.6	1.6	7.2	5.6	32+16	14+4	10+4	4+4	4+4	0.3	0.087	6/7/8	0.12
	80.4	27.6	24.0	14.4	14.4	24.0	6.0	6.0	6.0	6.0	24.0	2.4	2.4	10.8	8.4	48+24	22+6	14+6	6+6	6+6	0.5	0.130	6/7/8	0.18
五	156	58	58	20	20	110	5	5	50	50	44	2	2	20	20	124+110	54+5	50+5	10+50	10+50	0.6	0.186	6/7/8	0.3
	62.4	23.2	23.2	8.0	8.0	44.0	2.0	2.0	20.0	20.0	17.6	0.8	0.8	8.0	8.0	50+44	22+2	20+2	4+20	4+20	0.2	0.074	6/7/8	0.12
	93.6	34.8	34.8	12.0	12.0	66.0	3.0	3.0	30.0	30.0	26.4	1.2	1.2	12.0	12.0	74+66	32+3	30+3	6+30	6+30	0.4	0.112	6/7/8	0.18

表5 陇南市武都区核桃打孔分层配方施肥技术简表

土地质量等级	大树（100平方米） 尿素+三元专用肥	大树 四次施肥 1	2	3	4	微量元素肥 硫酸镁(27%~30%)	氧化锰(31%)	中幼树（10平方米） 尿素+三元专用肥	中幼树 4次施肥 1	2	3	4	微量元素肥 硫酸镁(27%~30%)	氧化锰(31%)
一	9.4+13	3.4+1.5	2+1.5	2+5	2+5	0.17	0.434	0.94+1.3	0.34+0.15	0.2+0.15	0.2+0.5	0.2+0.5	0.017	0.0434
一	3.8+5.2	1.4+0.6	0.8+0.6	0.8+2	0.8+2	0.07	0.174	0.38+0.52	0.14+0.06	0.08+0.06	0.08+0.20	0.08+0.20	0.007	0.0174
一	5.6+7.8	2+0.9	1.2+0.9	1.2+3	1.2+3	0.10	0.260	0.56+0.78	0.20+0.09	0.12+0.09	0.12+0.30	0.12+0.30	0.010	0.0260
二	7+11.5	2.6+1.5	2.4+1.5	1+4	1+4.5	0.13	0.372	0.7+1.15	0.26+0.15	0.24+0.15	0.1+0.4	0.1+0.45	0.013	0.0372
二	2.8+4.6	1+0.6	1+0.6	0.4+1.6	0.4+1.8	0.05	0.149	0.28+0.46	0.10+0.06	0.10+0.06	0.04+0.16	0.04+0.18	0.005	0.0149
二	4.2+6.9	1.6+0.9	1.4+0.9	0.6+2.4	0.6+2.7	0.08	0.223	0.42+0.69	0.16+0.09	0.14+0.09	0.06+0.24	0.06+0.27	0.008	0.0223
三	6.5+11.5	3+1	1.5+1	1+5	1+4.5	0.17	0.310	0.65+1.15	0.3+0.1	0.15+0.1	0.1+0.5	0.1+0.45	0.017	0.0310
三	2.6+4.6	1.2+0.4	0.6+0.4	0.4+2	0.4+1.8	0.07	0.124	0.26+0.46	0.12+0.04	0.06+0.04	0.04+0.20	0.04+0.18	0.007	0.0124
三	3.9+6.9	1.8+0.6	0.9+0.6	0.6+3	0.6+2.7	0.10	0.186	0.39+0.69	0.18+0.06	0.09+0.06	0.06+0.30	0.06+0.27	0.010	0.0186
四	8+4	3.6+1	2.4+1	1+1	1+1	0.80	0.217	0.8+0.4	0.36+0.1	0.24+0.1	0.1+0.1	0.1+0.1	0.080	0.0217
四	3.2+1.6	1.4+0.4	1+0.4	0.4+0.4	0.4+0.4	0.32	0.087	0.32+0.16	0.14+0.04	0.10+0.04	0.04+0.04	0.04+0.04	0.032	0.0087
四	4.8+2.4	2.2+0.6	1.4+0.6	0.6+0.6	0.6+0.6	0.48	0.130	0.48+0.24	0.22+0.06	0.14+0.06	0.06+0.06	0.06+0.06	0.048	0.0130
五	12.4+11	5.4+0.5	5+0.5	1+5	1+5	0.60	0.186	1.24+1.1	0.54+0.05	0.5+0.05	0.1+0.5	0.1+0.5	0.060	0.0186
五	5+4.4	2.2+0.2	2+0.2	0.4+2	0.4+2	0.24	0.074	0.50+0.44	0.22+0.02	0.20+0.02	0.04+0.20	0.04+0.20	0.024	0.0074
五	7.4+6.6	3.2+0.3	3+0.3	0.6+3	0.6+3	0.36	0.112	0.74+0.66	0.32+0.03	0.30+0.03	0.06+0.30	0.06+0.30	0.036	0.0112

商品肥实际使用范例（千克）

第六章
旱区核桃集雨穴灌技术

一、旱区核桃集雨穴灌技术图解（彩图6）

二、旱区核桃集雨穴灌要领歌

旱区核桃水似金，土缺四成要补给；

溪水引、雨水集，修起水窖方便易；

公路巷路带边沿，集水一处至边沟；

随形作窖省土地，还有两法也可行；

冠下铺膜集雨水，极缺输水也省水；

一年要补三次水，三月要补发芽水；

六月要补膨果水，果实采后营养水；

沿冠打孔十八个，每廿度打一个孔；

穴深一尺与二尺，每孔渗水要五斤；

孔口要用秸秆封，秸秆腐朽作基肥；

穴灌雨水最实用，滴滴水珠成果实。

三、旱区核桃集雨穴灌技术要点

（一）需水特点

核桃树体高大，叶片宽阔，蒸腾量较大，需水较多，水分不足会严重影响树体生长发育以及花芽分化和坚果产量。核桃能耐较干燥的空气，而对土壤水分状况却很敏感，土壤过于干或过湿都不利于核桃生长发育。土壤干旱阻碍根系吸收和枝叶的蒸腾作用，影响生理代谢过程，严重干旱时可造成落果甚至提前落叶。幼树遇前期干旱后期多雨气候易引起徒长，导致越冬后枝条干梢。土壤水分过多通气不良，会使根系生理机能减弱而生长不良。年降水量在600~800毫米而且分布均匀的地区，基本上可以满足核桃生长发育的要求。除干旱年份外一般不需要浇水，但年降水量多在500毫米，而且分布不均匀，多表现为春季干旱少雨，当田间土壤最大持水量低于60%（土壤绝对含水量低于8%）时，需要及时灌水。

（二）灌水时期与灌水量

依据核桃的需水关键期所确定的灌水时期主要有3次。

第一次灌水在春季核桃树萌芽前后。即在3月下旬至 4 月上旬，核桃要完成萌芽、抽枝、展叶和开花等生命过程，需要充足的水分供应。此时恰逢北方春旱季节，促使秋施肥继续发挥肥效，促进树体生长和结果。

第二次灌水在立夏以后花芽分化前。即 5~6 月，是雨季来临前的缺水干旱季节。此时正值果实膨大和树体迅速生长期，其生长量可达全年生长量的 80% 以上，而且雌花芽已经开始分化，树体内的生理代谢十分旺盛，如果水分不足，不仅会导致大量落果，而且会影响花芽分化。此时干旱少雨应及时灌水。

第三次灌水在果实采收后至落叶前。即在 10 月下旬至落叶前，可结合秋施基肥进行灌水，要求灌足灌透，有利于基肥腐烂分解和受伤根系的恢复、促发新根以及树体贮藏营养，为来年萌芽、开花和结果奠定营养基础。在水源充足的地方还可以在土壤上冻前再灌一次透水，俗称"打冻水"，可以提高树体抗寒能力，对核桃树越冬非常有利。

最适宜的灌水量，应在一次灌溉中，使根系分布范围内的土壤湿度达到最有利于核桃生长发育的程度。一般一次灌透需要浸润土层 1 米以上。灌水量的确定可根据土壤持水量、灌溉前土壤湿度、土壤容量、要求土壤浸润湿度等来计算，即：

灌水量 = 灌溉面积 × 要求土壤浸润程度 × 土壤容重 ×（田间持水量—灌溉前土壤湿度）

值得注意的是，核桃园水分管理应前促后控，即春季多浇水、雨季还应注意排水。其目的在于控制新梢后期徒长，促进树体健壮，提高开花及坐果率。

（三）穴灌技术

穴灌是在树冠投影的外缘挖穴，将集雨窖存水或其他水灌入穴中，以灌满为度。穴的数量依树冠大小而定，一般为18个，穴深30厘米与60厘米2个层面，灌后将穴口用秸秆插封。此法用水经济，浸湿根系土壤范围较宽且均匀，不会引起土壤板结，适宜在水源缺乏的地区推广运用。其次，还可将树冠底下培土成丘形，用黑地膜铺至树冠投影下，用地膜集雨，在沿树冠投影打孔深灌，在水资源极缺的地方，可用吊瓶输水的办法，在离地20~30厘米处打孔至木质部，输入干净无菌水，水量视树体大小而定。

第七章
核桃高接换优技术

一、核桃高接换优技术图解（彩图7）

二、核桃高接换优技术要领歌

上地先要看树情，病老幼树暂不接；

嫁接技术要记清，刀磨快、手执稳；

清砧锯树先放水，接穗机削穗面长；

穗面削齐过三寸，穗面浸入促愈剂；

刮掉老皮留嫩皮，接时皮木各相贴；

上露白，下蹬空，露白最多一厘米；

砧穗皮层要对齐，穗头短截近直角；

砧木旋锯三四下，关键还要水路通；

绑紧扎牢不放松，放水要穿超短裙；

半个月后开塑口，放风抹芽留二枝；

一个月后要绑扶，未活接穗芽接补；

要想成活早结果，精心细管要牢记。

注：① 用削穗机切削接穗速度快而安全，穗面齐整，每小时可达 600 枝左右。② 穗面必须达到 8 厘米。③ 机削接穗随削随浸入促愈剂中，以防失水并刺激细胞分裂产生愈伤组织。④ 在砧木上刮去与接穗削面长的表面粗皮，露出黄绿色的嫩皮。⑤ 在嫁接时，一是接穗上部分要留出 0.5~1 厘米的削面，叫露白，以利砧穗愈伤组织相结合；二是在接穗下部短截 0.2 厘米头，形成空隙，以利放水。⑥ 在砧木下部以不同方位，螺旋状斜锯三四下，到树干 1/4 处。

三、核桃高接换优流程歌

核桃品优价更高，划分片带局布好；

摸清底子建台账，调查村情与树况；

病幼老树不考虑，待接树上打记号；

二月左右封接穗，分品码放冷库中；

组织队伍磨快刀，四月左右要枝接；

放风抹芽半月后，抹芽还要留两枝；

绑扶查活过一月，没活嫩枝芽接补；

活穗摘心勤短截，扎绳勤松膜护砧；

精心细管把好关，八个步骤不能缺。

详见第二章嫁接技术部分内容。

第八章
核桃整形修剪技术

一、核桃整形修剪技术要领图解（彩图8）

二、核桃整形要领歌

核桃整形最重要，四个过程不能少。

定干选留主侧枝，选后再调生长势。

定干高限一米五，三主枝间60度。

层间距到2米时，与下错半留三枝。

以此相推到三层，一层侧枝3至5。

二层只有2至3，三层不超2个枝。

骨架形成调长势，疏除弱小侧密枝。

有形不死树不乱，随树作形能增产。

三、核桃修剪要领歌

根深叶茂是核桃，通风透光结果好。

拉剪前看年生长，营养生殖各不同。

幼树根冠五比一，结果变为两倍值。

中心枝量大于主，层性反应最明晰。

渗压根压蒸腾压，内含激素要滤清。

细辨幼中衰老树，还有结果枝与群。

截缩疏放张摘萌，原理方法记在心。

去弱留强果势强，缓前促后平树势。

拉枝开角法最适，一枝结果一篮子。

结果多年强变老，疏老留强树势旺。

拉剪宜粗不宜细，以养为主剪为辅。

六理六法辩证用，事半功倍利翻倍。

四、核桃整形修剪要点

（一）整形要点

整形就是树冠形成过程中，通过人为干预，有目的培养具有一定结构和有利于生长和结果的良好树形。主要就是根据早、晚实核桃及品种确定枝干高度和培养树形。

一般主干高度在 1.2 米左右，树形按照结构均衡、充分占有空间，最大限度利用光能，能形成大量结果枝和承载能力，常见的有两种：一种是有中央领导干，其上分布着生6~7个主枝；另一种无中心主干，由2~4个主枝构成。具体步骤如下：

第一步：在定干后，以分枝夹角约120度的位置上选留3个壮枝，作为第一层主枝；层内距离不少于20厘米；主枝及芽确定后，除保留主干上的顶枝或芽以外，其余剪除或抹掉。

第二步：晚实核桃5~6年生，早实核桃4~5年生，主枝层间距（早实核桃60厘米，晚实核桃80~100厘米）以上有可选留芽第二层主枝，层间距2米。

第三步：在第二步基础上，继续培养一二层主、侧枝，并选留第三层主枝，层间距要在3米以上。

第四步：7~8年后在1~3层主侧枝的基本骨架形成后，对主枝的上方落头开心。

（二）修剪要点

核桃是深根性树种，修剪时，①考虑根冠比值达到2：1，即成年树主根长度深达6米，侧根水平延伸半径可超过14米，其根系分布主要集中在30~60厘米的土层中；② 通风透光是核桃修剪必须考虑的问题；③ 必须遵从核桃年生长规律；④ 核桃有层性反应，即主干生长量大于侧枝，一级侧枝生长量大于二级；⑤ 要考虑核桃的渗透压、蒸腾压、根压以及内含激素量的情况，以短截、回缩、开张、疏枝、摘心、抹萌 6 种方法与拉枝开张角度相结合，去掉弱枝老枝，以养为主，拉枝修剪为辅，使核桃由外围结果变为整树结果。

1. 早实核桃修剪

主要控制二次枝，疏除透密枝，处理好背下枝。① 剪除二次枝，避免因旺长而过早郁闭；疏除多余二次枝，选留 1~2 个健壮枝；对选留的二次枝进行摘心；对其进行短截，促进形成结果枝组。② 疏除过密枝，本着去弱留强的原则，疏除密度过大枝，提供通风透光。③ 处理好背下枝，可利用背下枝代替原枝头培养成结果枝组。

2. 晚实核桃修剪

主要是短截发育枝，剪除背下枝，来促进营养生长。

第九章
核桃病虫害"十字防治法"

一、核桃病虫害防治技术图解（彩图 9）

二、核桃病虫害防治技术要领歌

冬刨树根尺半深，冻晾根象法最适；

基部刮除虫卵块，涂上硫磺生石灰；

主杆胸系阻隔带，枝干上挂粘虫板；

若遇大龄毒蛾蝶，燃放敌马烟雾剂；

敌敌畏煤油相勾兑，棉蘸其塞天牛孔；

根部烂皮刮除后，多菌灵盐泥封刮口；

黑斑灰斑病叠加，要喷石硫链霉素；

树高体大喷洒难，注输农药方便易；

每树不超二两药，注孔要用盐胶泥。

三、核桃病虫害"十字防治法"

针对核桃主要病虫害，即银杏大蚕蛾、云斑天牛、根象甲、核桃举肢蛾、介壳虫 5 种虫害和核桃细菌性黑斑病、炭疽病、根腐病、枝枯病 4 种病害蔓延成灾，采取"刨、刮、涂、阻、燃、喷、注、输、塞、封"被群众称为"十字防治法"，完全可以遏制核桃"五虫四病"蔓延局势，其方法如下：

（一）刨

就是在每年农历 10 月以后，在核桃树基部开挖一个深 20~50 厘米、直径 100~150 厘米的树盘，使核桃主根露出，风吹日晒达到使根象甲因冻失水而死亡，使其他越冬虫蛹因冻致死。开春经覆盘又将深埋的核桃举肢蛾幼虫翻至表面暴晒，无法化蛹和羽化。

（二）刮

在每年冬季和初春，用铁丝或刮刀等工具，将树干基部的银杏大蚕蛾、云斑天牛卵块刮在一起，用砸、烧等办法，使其彻底失去活力。

（三）涂

在每年秋末冬初，用 10：1：0.5：0.2：40 的生石灰、硫磺、豆面、盐及水加热熬制成涂白剂，冷却后加少许动物油脂，在树干基部用斧子砍刮掉老翘皮后涂白，大树涂 1 米，小树 0.5 米，高寒冷凉区幼树可全涂，达到防冻灭虫，阻隔幼虫上树和成虫在基部无法产卵的目的。

（四）阻

在离树基部 1 米左右处，用 30 厘米宽的厚棚膜扎一处裙伞状，并且在伞下用不干胶涂一粘虫胶带，树枝上挂一粘虫板诱集叶甲、飞虱等害虫。

（五）燃

在人口稀少，林缘区的陡坡地，利用早晚无人、天气晴朗时候，燃放烟雾剂，达到大面积杀灭银杏大蚕蛾幼虫的目的。

（六）喷

冬季用喷雾器喷一遍 2.5~5 波美度石硫合剂，半个月后，喷一遍 77% 敌敌畏或 50% 多菌灵 400~1 000 倍液。

（七）注

在花后和果实采收前 3 个月，可用注药法对树体高大的核桃树进行防治，即：在距离树基部 30 厘米处，用特制开槽开孔斧开一深 3~7 厘米，与树体成 45 度夹角的槽或孔，注入 77% 敌敌畏，大树 30 毫升，中幼树 10 毫升，注入后用黏土泥封孔。

（八）输

在花后和果实采收前 3 个月，可用输液法进行防治，即：用废旧输液吊瓶或矿泉水瓶或吊袋，清洗干净后，将干净水经 200 目筛网过滤后加入 77% 敌敌畏 30 毫升、50% 多菌灵粉剂 20 克易溶相配的杀虫杀菌剂和多元素肥经混合充分溶解后，在基部 30 厘米处，打一与树干成直角的，深达木质部，用棉花、海绵排除孔内空气，并排除吊管内空气后，插入针头输进药肥，输完后用黏性土加盐拌成泥浆堵塞输孔。

（九）塞

对于蛀干害虫云斑天牛可采用 1∶20 倍的敌敌畏与煤油混合后用棉花浸药塞孔。

（十）封

用 1∶5∶0.5∶10 的多菌灵、生石灰、盐、黄草泥加适量水将根部烂皮病为害过的伤口进行泥封。

第十章
青核桃机械脱皮清洗技术

一、青核桃机械脱皮清洗技术图解（彩图 10）

二、核桃脱皮清洗技术要领歌

适时采收果质高，熟时阳阴错半月；

绿变浅黄顶开裂，正是采收最佳时；

杆向外打勿敲果，树底垫草防果伤；

除杂后喷乙烯利，3 000~5 000 毫克 / 千克；

将果堆成尺半厚，再盖草被 10 厘米；

2~3 天果发泡，上机脱青即清洗；

洗后避阴晾半天，失水再晒果不裂；

5~7 天成干果，过筛分级装入袋；

分级码放恒温库，定时翻捡勤查看；

通风散潮防鼠害，保存两年质不变。

三、核桃采收贮藏实施步骤

（一）采收

1. 采收日期

一般在每年 8 月左右，看到果实内隔膜变棕色时，为核仁成熟期，核仁由深绿变黄，部分皮层裂开，个别果实脱落即为采收期。

2. 采收方法

采收核桃的方法分人工采收法和机械采收法两种。人工采收法是在核桃成熟时，用有弹性的长木杆或竹竿，自下而上，由内向外敲击。在国外，近年来用机械振动法采收核桃。

（二）脱青皮

核桃脱青皮的方法是当核桃采收后用浓度为 3 000~5 000 毫克/千克的乙烯利溶液浸半分钟，或随堆积随喷洒，按 50 厘米左右的厚度堆积，在温度 30℃左右空气相对湿度 80%~90% 的条件下，经 2~3 天即可机械脱皮。

主要参考文献

[1] 郝荣庭，张毅萍．中国核桃 [M]．北京：中国林业出版社，1992：278-288，329-420．

[2] 霍晓兰，刘和，冀爱青．植物生长调节剂在核桃上的应用 [J]．山西农业科学，2003，31（1）：34-39．

[3] 高新一，王玉英．果树林木嫁接技术手册 [M]．北京：金盾出版社，2006：95-97，174．

[4] 王家民，姜喜娟．果树嫁接 18 法 [M]．北京：中国农业出版社，1996：66．

[5] 郗荣庭，张毅萍．中国果树志 核桃卷 [M]．北京：中国林业出版社，1996：79-81．

[6] 张炳炎．核桃病虫害及防治原色图册 [M]．北京：金盾出版社，2008：31-106

[7] 中国林业科学院．中国森林昆虫 [M]．北京：中国林业出版社，1983：274-752．

[8] 冯晋臣.林果吊瓶输注液节水节肥增产新技术 [M]. 北京：金盾出版社，2009：90-173.

[9] 曹尚银，李建中.怎样提高核桃栽培效益 [M]. 北京：金盾出版社，2013：13-27.

[10] 陈和平，李文生.陇南市武都区耕地质量评价 [M]. 兰州：甘肃科学技术出版，2014：5-81.

[11] 侯尚谦.苹果树缓势修剪 [M]. 郑州：河南科学技术出版社，1999：6-190.

[12] 张毅萍，朱丽华.核桃高产栽培 [M]. 北京：金盾出版社，2005：15-24.

[13] 褚天铎，林继雄.化肥科学使用指南 [M]. 北京：金盾出版社，1997：1-254.